# POTENCIALES EVOCADOS SOMATOSENSORIALES. GUIA PRÁCTICA.

## PAU GINER I BAYARRI
Médico Especialista en Neurofisiología Clínica
Hospital Universitario Dr. Peset
Valencia

INSTITUTO VALENCIANO DE NEUROFISIOLOGÍA CLÍNICA
2015

*Reservados todos los derechos. No se permite la reproducción total o parcial de esta obra, ni su incorporación a un sistema informático, ni su transmisión en cualquier forma o por cualquier medio (electrónico, mecánico, fotocopia, grabación u otros) sin autorización previa y por escrito de los titulares del copyright. La infracción de dichos derechos puede constituir un delito contra la propiedad intelectual.*

ISBN 978-1-326-50169-3

(C) 2015 Pau Giner i Bayarri

*(C) Editado por el Instituto Valenciano de Neurofisiología Clínica*

Impreso por Lulu.com

*A Juan Fos, amic, enfermer incansable,
pioner de la Neurofisiologia Clínica
en Valéncia.*

# INTRODUCCIÓN

Los potenciales evocados consisten en una exploración funcional del Sistema Nervioso que evalúa la Función Sensorial (Acústica, Visual, Somatosensorial, Cognitiva,...) y sus vías por medio de respuestas provocadas frente a un estímulo específico, conocido y normalizado.

Los potenciales evocados (PE) se obtienen mediante un proceso individualizado que se realiza bajo supervisión médica especializada. Para ello se utilizan métodos automáticos de análisis de señales que permiten obtener la mejor relación señal/ruido de un registro, su almacenamiento, procesamiento, análisis y juicio clínico sobre las relaciones témporo-espaciales de determinados componentes que expresan las características de la sincronización de generadores específicos de la actividad nerviosa. Se presentan, en su forma final, como Informe Neurofisiológico que ha de reflejar los datos objetivos, la conclusión comparativa y la impresión diagnóstica (siempre que sea posible). Se debe acompañar documentación gráfica.

Los PE no son los datos de salida de una máquina a la que se conecta el sujeto a estudiar; para que sean válidos han de basarse en el cumplimiento de las condiciones generales y de los requisitos técnicos mínimos que los definen como PE. La señal es captada por electrodos de contacto o de aguja situados en determinadas localizaciones normalizadas del cuero cabelludo o de otras partes del cuerpo. La colocación de los electrodos, tanto de estimulación como de registro, sobre el cuero cabelludo, espina dorsal, plexo, nervio... así como las características de los estímulos, está determinada por criterios antropométricos y técnicos específicos, definidos según la normativa "Standards of clinical practice for recordings of evoked potentials (PE)" y la normativa "Sistema Internacional 10/20 de la IFSECN" con sus correspondientes actualizaciones. Se valorarán las respuestas obtenidas en comparación con un grupo de normalidad, propio de cada laboratorio.

La duración del registro varía según el tipo de potencial pero oscila entre 30 y 90 minutos. La duración del registro no se corresponde con el tiempo de la exploración ya que éste incluye tiempo de historia clínica, de preparación del paciente, de colocación de los electrodos, de informe...que no se incluyen en el tiempo de registro.

El estudio de PE puede hacerse en sujetos en vigilia, dormidos (espontanea o inducidamente) o comatosos pero necesariamente quiescentes lo que influye también en la duración del registro y en el grado de dificultad de su interpretación.

Para el registro se precisa un equipo específico para PE o un Electromiógrafo Multiuso. Actualmente estos equipos incluyen un programa informático dedicado al uso concreto de PE, o bien pueden ser adaptados a un ordenador personal más o menos sofisticado. El equipo ha de ajustarse a las especificaciones contenidas en "AEEG Guidelines on evoked potentials", "Standards of clinical practice for recording of evoked potentials (PE)" y "EEG Instrumentations Standards of the IFSECN" y ha de tener la marca UE sobre Seguridad y Eficacia de Productos Sanitarios. El tipo de estimulador que se precisa es diferente según el Sistema Sensorial que se vaya a explorar.

El registro de los PE se realiza en soporte magnético, monitorizándose, en cada momento, los segmentos válidos para ser procesados. La selección del tiempo de análisis depende del fenómeno que se explore y del tipo de PE. Las respuestas obtenidas se pueden presentar como gráficos de expresión directa del análisis de la señal.

# 1.- DEFINICIÓN

Los potenciales evocados somatosensoriales (PESS) son el registro de los potenciales eléctricos generados principalmente por las fibras gruesas de la Vía Somatosensorial en las porciones centrales y periféricas del Sistema Nervioso, en respuesta a un estímulo reproducible.

Los PESS valoran únicamente la función del fascículo espino-talámico posterior (cordones posteriores); valorando 3 tipos de sensibilidad:

1) Propioceptiva

2) Vibratoria

3) Táctil

Estas fibras tienen una organización somatotópica (las más caudales –sacras y lumbares- se colocan más mediales).

Por lo tanto no valora las sensibilidades:

1) Termo-analgésica

2) Los cordones laterales (cuadros cerebelosos)

Los potenciales evocados somatosensoriales pueden dividirse por su relación temporal con el estímulo en:

1) PES de corta latencia, los que se producen en los primeros 50 milisegundos, que son los más constantes y por ello los de mayor uso en clínica,

2) PES de media latencia y

3) PES de larga latencia, con mucha mayor variabilidad lo que hace más difícil su uso clínico.

## 2.- REQUISITOS

## 2.1.- EL NEUROFISIÓLOGO

El responsable de la exploración de los potenciales evocados ha de ser titulado en Medicina y Cirugía y con el título oficial de Médico Especialista en Neurofisiología Clínica, colegiado según la legislación vigente en el Colegio de Médicos que corresponda.

Corresponde al Neurofisiólogo Clínico realizar las siguientes actividades:

1) Historiar al paciente antes de la exploración con una correcta anamnesis y realizando un exploración neurológica básica.

2) Proceder al registro de los potenciales evocados o supervisarlo (si según el manual de calidad el registro no lo realiza el propio neurofisiólogo).

3) Realizar un informe del registro.

4) Entregar el informe al paciente y/o médico que lo solicitó

5) Guardar el informe en el archivo, al menos durante 5 años, la información relevante obtenida para que pueda ser revisada con fines médicos o legales.

6) El Neurofisiólogo se comprometerá a cumplir todos los requisitos para los Procedimientos y los Protocolos establecidos por la Sociedad Española de Neurofisiología Clínica y la IFSECN.

## 2.2.- PERSONAL DE ENFERMERIA, AUXILIARES Y TÉCNICOS

El personal de enfermería, auxiliares y técnicos del Servicio de Neurofisiología serán el encargado de:

1) colaborar en la realización de la exploración neurofisiológica,

2) estará al cuidado del paciente y

3) se ocupará específicamente del adecuado mantenimiento del material de uso corriente.

4) Si está formado para ello y según para lo que le habilite su categoria profesional, puede participar en el registro de los potenciales evocados, cuidando que se cumplan los puntos del manual de calidad y de que los registros obtenidos puedan ser informados por el neurofisiólogo responsable. Ante cualquier duda sobre el registro, debe tener acceso directo a un neurofisiólogo que pueda solucionar los problemas que hayan surgido.

## 2.3.- MANUAL DE CALIDAD

Se recomienda la elaboración y actualización de un MANUAL DE CALIDAD por parte de todos los Servicios de Neurofisiología donde se realicen potenciales evocados y en el que se describirán detalladamente:

1) los Procedimientos: técnicas de registro, almacenamiento de los datos obtenidos, procesamiento, análisis y sistema de archivo.

2) los Protocolos aprobados o recomendados por las Sociedades Científicas nacionales e internacionales.

3) el Personal que realizará cada actividad.

4) los Equipos con los que se llevarán a cabo y su documentación.

5) los Medios de conservación y esterilización del material que así lo requiera, con sus indicaciones específicas y el recambio del material fungible.

6) el equipamiento para Emergencias.

## 2.4.- DOCUMENTOS

Todos los documentos del paciente irán identificados, desde su inicio, con su nombre y apellidos, fecha de nacimiento, fecha del registro y número de registro.

Todos los documentos entregados al paciente irán identificados con el nombre y apellidos del Neurofisiólogo, número de colegiado, dirección y teléfono de consulta.

## 2.5.- SALA DE EXPLORACIÓN

La sala de exploración debe cumplir los siguientes requisitos:

1) Espacio mínimo de 9 a 16 m2.
2) Sistema de corriente alterna estabilizado con instalación de tierra.
3) Aislamiento acústico, luminoso, eléctrico, térmico y magnético.
4) Camilla o sillón cómodos para el registro, agua corriente y lavabo.
5) Ha de cumplir las normas básicas que permitan la privacidad el sujeto explorado.

## 2.6.- EL EQUIPO

Los equipos para la realización de los potenciales evocados deben de cumplir una serie de requisitos que a continuación se describen y en todos los casos cumplir las normativas básicas dadas por la IFSECN:

1) Debe estar homologado según la legislación europea ISO 9.000 e IEC 601 (sistemas eléctricos). Ha de tener la marca UE.

2) No es recomendable una antigüedad superior a 5 años o 10.000 h de trabajo y nunca sobrepasar los 10 años.

3) Debe constar de un Convertidor Analógico-Digital, un Sistema de Estimulación adecuado a cada tipo de PE que se realice y un mínimo de 2 canales -recomendable 4- con controles individuales para cada amplificador.

Los electrodos de estimulación y registro pueden ser:

1) de contacto,

2) de aguja subcutánea y

3) especiales según la exploración;

Deben cumplir las normas europeas y estar en buenas condiciones de uso para asegurar la fiabilidad de los resultados.

Estimuladores: los habitualmente utilizados para ENG que igualmente deben cumplir las normas standard de seguridad internacionales.

Electrodos de registro:

1) Aguja: recomendados en pacientes comatosos. No recomendados para la UCI por peligro de infección y en quirófano por peligro que desplazarse o salirse.

2) Electrodos de superficie: Útiles en todas las circunstancias. Los hay de dos tipos:

3) Desechables: Autoadhesivos. No necesitan esterilización.

4) Reutilizables: Deben esterilizarse. Limpieza complicada.

## 3.- TIPOS DE POTENCIALES EVOCADOS SOMATOSENSORIALES

3.1.- PES por estimulación de Extremidades superiores (Nervio mediano).

3.2.- PES por estimulación de Extremidades inferiores (Nervio tibial posterior).

3.3.- PES por estimulación de Nervio Trigémino.

3.4.- PES por estimulación de Dermatomas (Nervio femorocutáneo).

3.5.- PES por estimulación de N. Pudendo

3.6.- PES de larga latencia

3.7.- Reflejos de larga latencia

3.8.- Potenciales evocados somatosensoriales espinales.

## 3.1.- POTENCIALES EVOCADOS SOMATOSENSORIALES DE NERVIO MEDIANO

### 3.1.1.- REGISTRO

Para el registro de los Potenciales Evocados Somatosensoriales de Nervio mediano seguimos los siguientes parámetros:

1) Tiempo de análisis: 50-70 ms

2) Filtros: 5 Hz - 3000 Hz

3) Montajes: Mínimo 2 canales pero se recomiendan 4

- Cc - Fpz
- PEi-CV7
- Cc - PEc
- Ci-Hom
- CV5 ó CV7-PEc
- Cc-Hom
- PEi-PEc
- Fz-Hom

❖ Cc = posterior a C3 ó C4 del S.I.10/20 contralateral al lado estimulado.

- ❖ PEi y PEc = punto de Erb ipsi y contralateral
- ❖ CV5 y CV7 = apófisis espinosa C5/C7
- ❖ Hom = hombro.

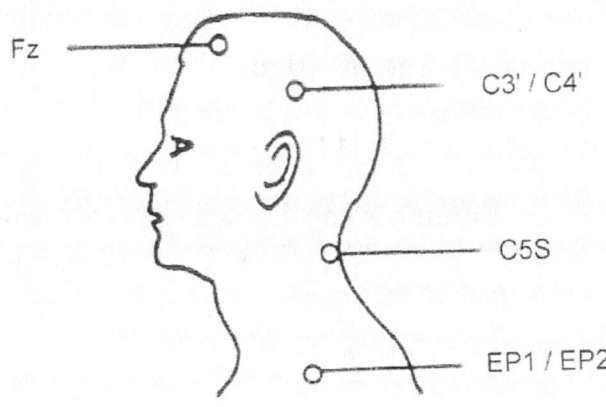

4) En general se acepta cualquier montaje que incluya registro de respuestas de plexo braquial, entrada a médula, respuestas subcorticales de campo lejano, y corticales, y los protocolos específicos aprobados por las Sociedades Internacionales y la Sociedad Española de Neurofisiología Clínica.

5) Mínimo de 1000 respuestas promediadas (en ocasiones será necesario promediar un número mayor)

6) Mínimo de 2 promediaciones para asegurar la reproducibilidad

## 3.1.2.- ESTIMULO

Las características que debe cumplir el estímulo en los potenciales evocados somatosensoriales de nervio mediano son:

1) Pulso eléctrico cuadrado de 0'2 ms

2) Estimulador colocado en muñeca (cátodo proximal y ánodo distal).

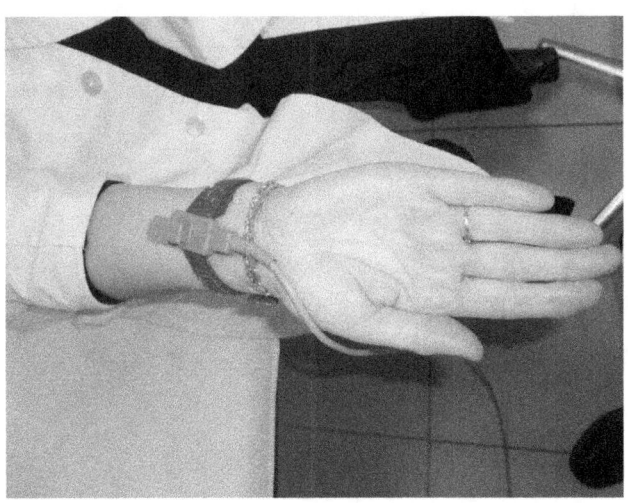

3) Intensidad mínima suficiente para producir movimiento del territorio inervado. Sujetar con cinta una vez encontrado punto.

4) No poner amperajes que sean dolorosos. Entre 5 y 15 mA suele bastar.

5) Frecuencia de 5-10 Hz

6) Características de los electrodos: Aguja subcutánea o de contacto

7) Las impedancias han de ser menores de 5kOh

| Peak | Median Nerve | | Max L-R Diff | |
|---|---|---|---|---|
| | Latency (ms) Mean & (SD) | Amplitude (uV) Mean & (SD) | Latency (ms) | Amplitude (%) |
| EP | 9.6 (0.7) | 5.4 (2.5) | 0.5 | 49 |
| N13 | 13.2 (0.8) | 2.9 (1.3) | 0.6 | 46 |
| N19 | 18.9 (1.0) | 2.8 (1.6) | 0.9 | 50 |
| EP-N13 | 3.5 (0.4) | | 0.8 | |
| N13-N19 | 5.8 (0.5) | | 0.5 | |

## 3.1.5.- CORRESPONDENCIA ANATÓMICA

- Erb homo - Erb contra: valora el potencial periférico hasta Erb.

- Cv5-Fz: con N13, sería la entrada en asta posterior de médula, la actividad postsináptica de interneuronas.

- C3´o C4´- Erb homolateral:

- P9 potencial generado en plexo braquial (único presente en avulsión de raíces)

- P11 entrada a la médula.

- P13-14 origen en el tronco cerebral ( se conserva en lesiones tálamo)

- C3´o C4´-Fz: Se valora N20 que se acepta que es la respuesta cortical de latencia más corta. Si se recogiera en ipsilateral se podría desglosar el N18 que parece corresponder a estructuras tronco y tálamo.

## 3.1.6.-VALORACIÓN

En los potenciales evocados somatosensoriales de nervio mediano vamos a valorar:

1º PRESENCIA O AUSENCIA de las distintas ondas o de cualquier tipo de onda.

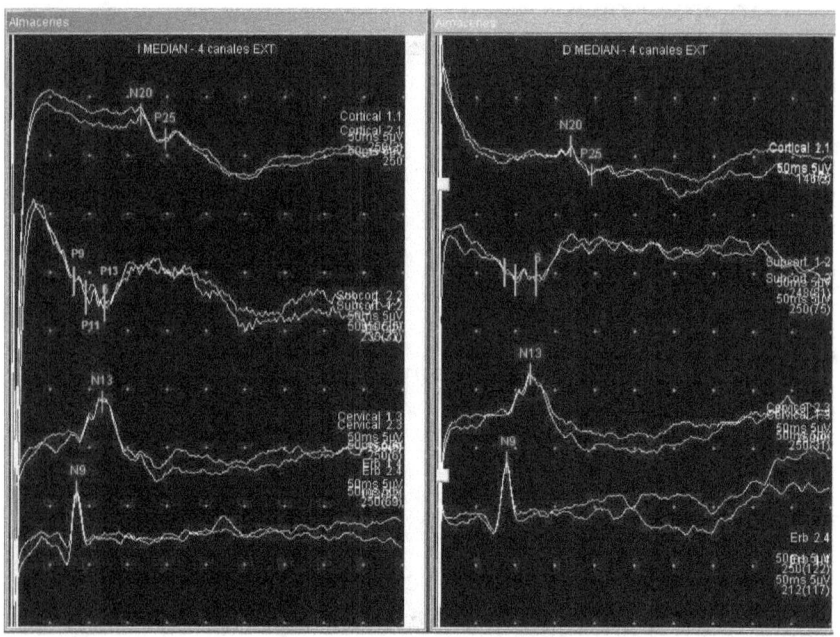

2º LATENCIAS INTERPICO: Se valoran sobretodo:

- Erb-N13 (entre plexo y médula)

- P9-P14 (entre plexo y entrada inferior bulbo)

- N13-N20 entre médula y corteza. Sería como un tiempo de conducción central

- P14-N20 parte inferior de bulbo y corteza.

Los cambios de amplitud y morfología no son criterios fiables de anormalidad debido a la gran variabilidad intra e intersujetos. Aunque una morfología muy disgregada o una amplitud muy disminuida deben de poner alerta al neurofisiólogo y reseñarlo a la hora de realizar el informe.

## 3.2.- POTENCIALES EVOCADOS SOMATOSENSORIALES DE NERVIO TIBIAL POSTERIOR

### 3.2.1.-REGISTRO

Para el registro de los Potenciales Evocados Somatosensoriales de Nervio tibial posterior debemos de seguir los siguientes parámetros:

1) Tiempo de análisis: 100 ms

2) Filtros: 5 Hz - 1500 Hz

3) Montajes: Deben tener un mínimo de 2 canales pero se recomiendan 4 canales. Entre los montajes recomendados están los siguientes:

- Cz' - Fpz
- Fz - Cv5 o Cv7
- L1 - Cic
- FP-Rf

Donde :

- ❖ L1 = apófisis espinosa L1
- ❖ Cic = Cresta iliaca contralateral
- ❖ V5 y CV7 = apófisis espinosa C5/C7
- ❖ FP: Fosa poplítea

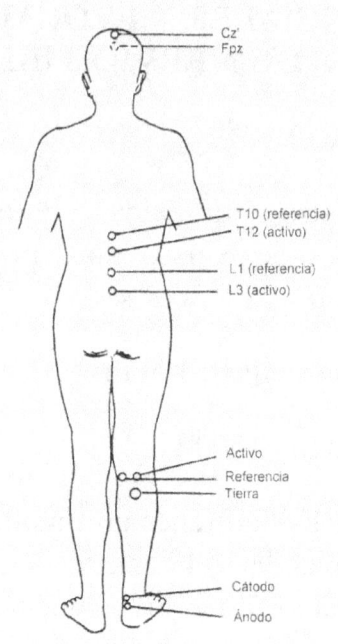

4) En general se acepta cualquier montaje que incluya el registro de respuestas periféricas (fosa poplítea), entrada en médula (lumbar), respuestas de campos lejanos y corticales.

5) Deben aplicarse los protocolos específicos aprobados por las Sociedades Internacionales y la Sociedad Española de Neurofisiología Clínica.

6) Se exige un mínimo de 1000 respuestas promediadas (en ocasiones será necesario promediar un número mayor para obtener una respuesta estable).

7) Se deben obtener un mínimo de 2 promediaciones para asegurar la reproducibilidad.

8) Estímulo:

- Pulso eléctrico cuadrado de 0'2 ms

- Estimulador colocado en tobillo (cátodo proximal y ánodo distal).

- Intensidad mínima suficiente para producir movimiento del territorio inervado. Sujetar con cinta una vez encontrado punto.

- No poner amperajes que sean dolorosos (aumentan los artefactos).

- Frecuencia de 5-10 Hz

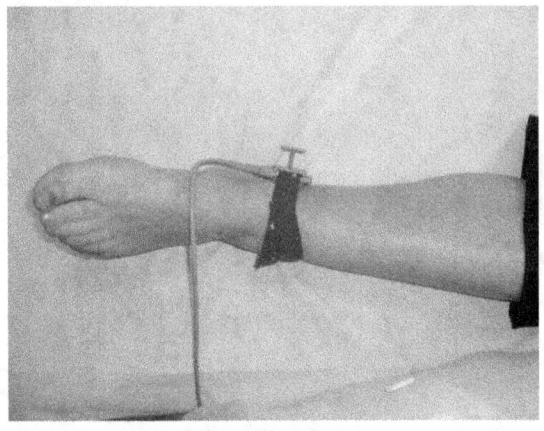

9) Las características de los electrodos deben de ser:

- Aguja subcutánea.

- Electrodos de contacto

- Las impedancias han de ser menores de 5kOh

## 3.2.2.- CORRESPONDENCIA ANATÓMICA

• Hueco poplíteo: valora el potencial periférico.

• L1-Cresta: Se valora N22 ó 24, sería la entrada en asta posterior de médula (engrosamiento lumbar), sería la actividad postsináptica de interneuronas.

• Cz´-Fz: Se valora P38-P40 que es considerado de origen cortical.

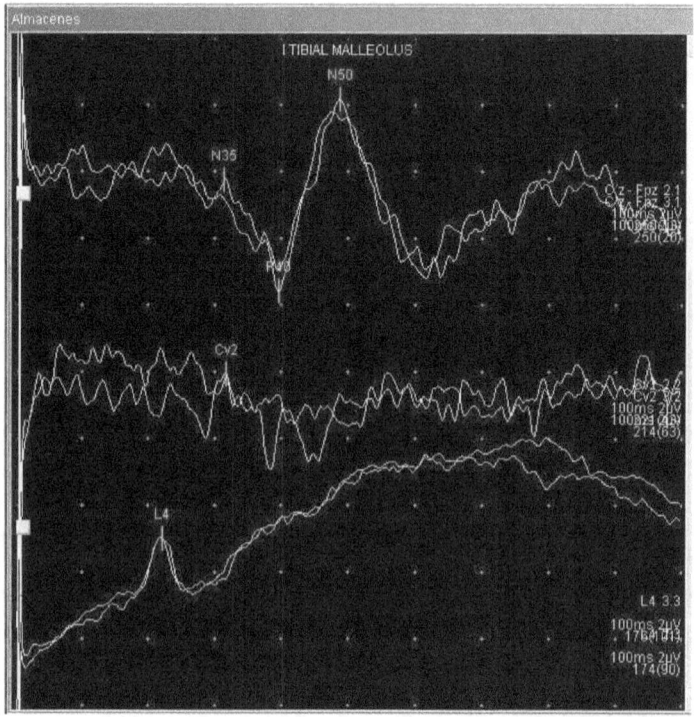

## 3.2.3.- VALORACIÓN

1) Presencia o ausencia de las distintas ondas.

2) Latencias y latencias interpico:

- La latencia N22 mide la conducción periférica.

- La latencia interpico N22-P38 ó 40 mide la conducción central.

| Peak | Tibial Nerve Latency (ms) | SD | Range |
|---|---|---|---|
| LP | 19.9 | 1.8 | 12.8-22.1 |
| P37 | 36.3 | 2.4 | 30.5-41.7 |
| LP-P37 | 16.5 | 1.4 | 13.5-20.5 |
|  | L-R Diff (ms) | SD | Range |
| LP | 0.42 | 0.28 | 0.0-1.2 |
| P37 | 0.62 | 0.37 | 0.1-1.4 |
| LP-P37 | 0.67 | 0.42 | 0.0-1.5 |

## 3.3.- POTENCIALES EVOCADOS SOMATOSENSORIALES DE NERVIO TRIGEMINO

El nervio trigémino es el V par craneal y aporta la sensibilidad a la cara y las encías. Posee tres ramas diferentes (superior - I rama, maxilar -II rama y mandibular - III rama).

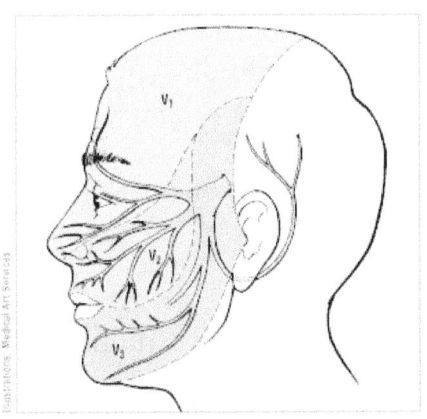

Figure 1. The trigeminal ganglion gives rise to three main branches of the trigeminal nerve (cranial nerve V), which provides sensory innervation to the face. The ophthalmic branch ($V_1$) innervates the upper part of the face, the maxillary branch ($V_2$) innervates the central part, and the mandibular branch ($V_3$) innervates the lower part.

Para la realización de los potenciales evocados somatosensoriales de nervio trigémino pueden explorarse cualquiera de sus ramas, aunque se recomienda explorar la II y III rama, ya que son más estables.

Para la recogida de la señal se realiza el siguiente montaje

- Activo: punto medio entre el CAE y 1cm por detrás del vértex –Cz'- contralateral.

- Referencia: Fpz

- Tierra: Oreja derecha

La estimulación debe cumplir los siguientes criterios:

- Colocación:

  - Electrodo de superficie en labios inferior y superior o bien

  - A nivel de la encía.

- Parámetros:

  - Duración de estimulo: 0.2 mseg.

  - Frecuencia: 2/segundo

  - 200 promediaciones

  - Filtros: 1 Hz - 3000 Hz

  - Sensibilidad: 50 microV

  - Barrido: 100 mseg.

  - Intensidad: 3 veces el umbral sensitivo

En condiciones normales no hay diferencia entre ambos lados.

Se valora la N20 a dos niveles:

- Maxilar (labio superior)

- Mandibular (labio inferior)

Son de utilidad clínica en las neuralgias de trigémino; cuando existe compresión nerviosa. Pueden verse retrasadas las latencias en la esclerosis múltiple y otros procesos desmielinizantes.

El registro de estos potenciales puede presentar los siguientes inconvenientes:

- Técnica de escasa implantación

- Dificultad para mantener el estimulo en un punto constante.

- El estimulo puede llegar a ser doloroso e insoportable

## 3.4.- POTENCIALES EVOCADOS SOMATOSENSORIALES DE DERMATOMAS

Los potenciales evocados somatosensoriales de dermatomas se obtienen con la aplicación de un estímulo eléctrico sobre la piel de un dermatoma teniendo como resultado en scalp una ondas similares a las que se obtienen tras la estimulación de un nervio mixto pero con menor amplitud.

*Esquema que muestra la innervación por dermatomas.*

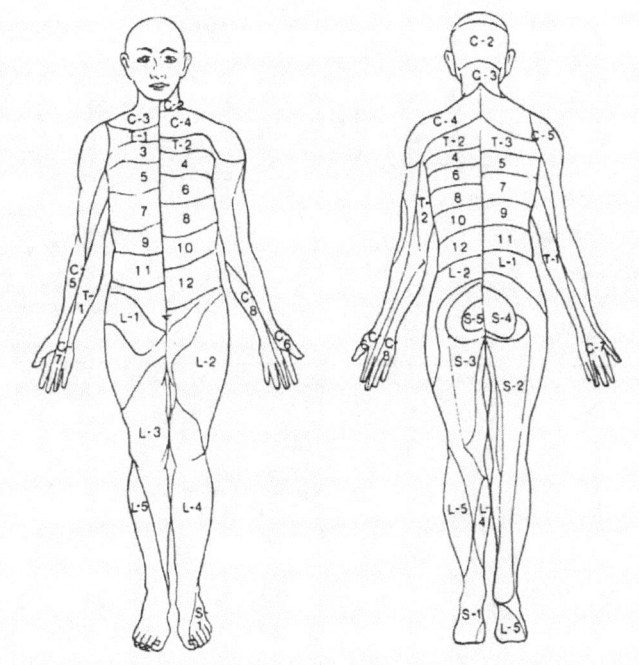

En ocasiones no se obtienen en individuos sanos y son de difícil identificación por su voltaje tan escaso.

La mayor aplicación de los PESS de Dermatomas ha sido en el estudio de las radiculopatías.

- Algunos estudios indicaban que su estudio daba una información importante en lesiones tempranas (que no la daba la EMG o la RMN).

- Actualmente su utilidad es limitada dada la ausencia de parámetros de normalidad estándar y los criterios arbitrarios de anormalidad.

| Nerve | Plexus | | Root afferents |
|---|---|---|---|
| | Cords | Trunks | |
| Median | Lateral | Upper | C6-7—Cutaneous |
| | Medial | Middle | |
| | | Lower | C8-T1—Muscle |
| Ulnar | Medial | Lower | C8—Cutaneous |
| | | | C8-T1—Muscle |
| Superficial radial | Posterior | Upper | C6—Cutaneous |
| Musculocutaneous | Lateral | Upper | C5-6—Cutaneous |
| Posterior tibial (popliteal fossa) | | | L4-S2—Cutaneous |
| | | | L4-S2—Muscle |
| Posterior tibial (ankle) | | | L4-S2—Cutaneous |
| | | | S1-2—Muscle |
| Common peroneal | | | L4-5—Cutaneous |
| | | | L4-S1—Muscle |
| Sural | | | S1-2—Cutaneous |
| Saphenous | | | L3-4—Cutaneous |
| Superficial peroneal | | | L4-5—Cutaneous |

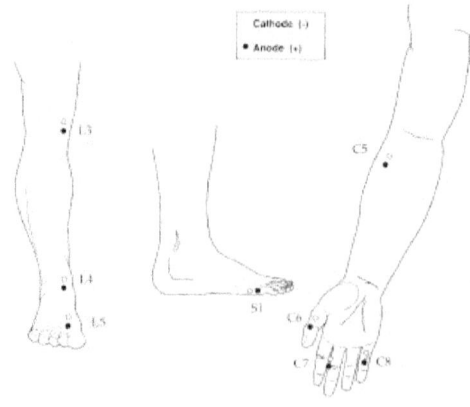

### 3.4.1.- POTENCIALES EVOCADOS SOMATO-SENSORIALES DE NERVIO FEMOROCUTÁNEO

La meralgia parestésica es una patología benigna que afecta a 4.3/10.000 personas-año en nuestro medio. Generalmente es unilateral pero hasta un 10% de los casos es bilateral.

La dificultad para detectar en algunos pacientes el potencial sensitivo del nervio femorocutáneo hace que esta técnica aumente la incidencia de falsos positivos.

La obtención de los PESS de femorocutáneo es más sencilla que el potencial sensitivo por lo que se mejora el diagnóstico.

Para la estimulación seguimos los siguiente criterios:

- Se realiza en la línea que une la espina iliaca antero-superior y la rotula:

    - El activo a 15 cm de la espina iliaca.

    - La referencia a 25 cm de la espina iliaca.

- Duración del estímulo: 0.2 mseg.

- Frecuencia: 3 Hz

- Intensidad suficiente para conseguir la contracción del vasto externo (entre 20 y 35 mA) o bien 3 veces el umbral sensitivo.

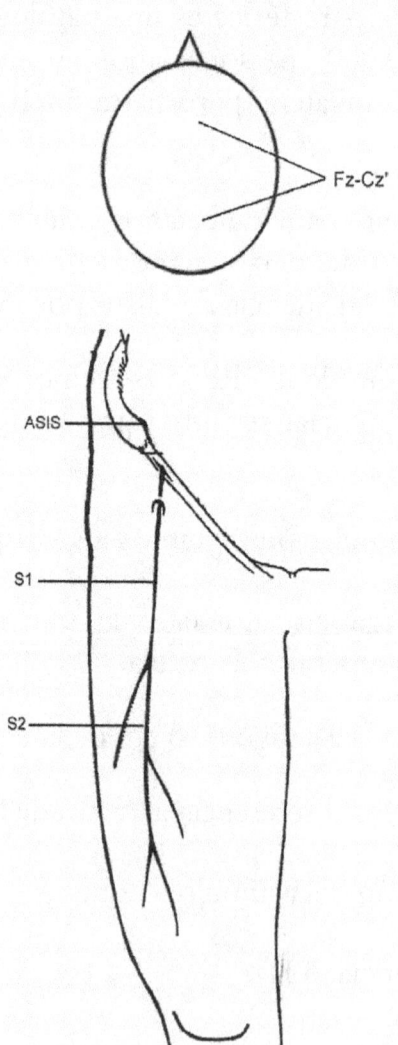

Los valores de normalidad de los PESS de nervio femorocutáneo en nuestro medio son:

- Latencia
  - N1: 26.33 ± 3.3
  - P1: 33.23 ± 3.4
  - N2: 42.05 ± 3.2
- Amplitud:
  - 0.82 ± 0.36

Para su valoración seguimos estos criterios diagnósticos:

- Ausencia de PESS de FC
- Latencia del PESS de FC > 40 mseg.
- Latencia de PESS de FC < 40 mseg con una diferencia respecto al PESS de tibial posterior > 5 mseg.
- Latencia de PESS de FC < 40 mseg con una diferencia respecto al PESS de tibial posterior < 5 mseg pero con una asimetría en la amplitud > 50%

## 3.5.-POTENCIALES EVOCADOS SOMATO-SENSORIALES DE NERVIO PUDENDO

Los potenciales evocados somatosensoriales del nervio pudendo: evalúan la vía sensitiva periférica y medular. Mide el tiempo que tarda un estímulo eléctrico en recorrer el nervio periférico, raíces posteriores de la medular cordones posteriores, hasta que recogemos la respuesta cerebral, a nivel centro-parietal.

Para su recogida utilizamos el siguiente montaje:

- Activo: Cz'

- Referencia: Fpz

- Tierra: Oreja derecha

La estimulación se realiza según el sexo del paciente en:

- Electrodo de anillo en la base el pene (hombres).

- Electrodos adhesivos en clítoris (mujeres)

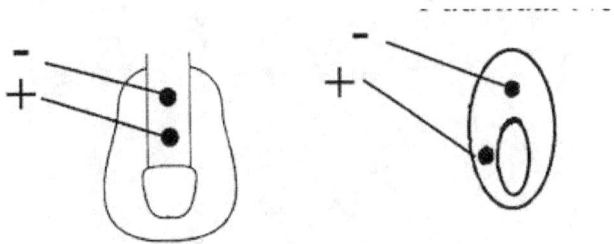

Los parámetros de estimulación son:

- Duración de estimulo: 0.1 mseg.
- Frecuencia: 2/segundo
- 1000 promediaciones
- Filtros: 1 Hz a 3000 Hz
- Sensibilidad: 50 microV
- Barrido: 100 mseg.
- Intensidad: 3 veces el umbral sensitivo

Una vez se obtienen las ondas re valora la onda P40 y se establece como alterada cuando:

- ❖ La latencia es > 47.7 mseg.
- ❖ La diferencia con los PESS de tibial posterior son mayores de 7 mseg.

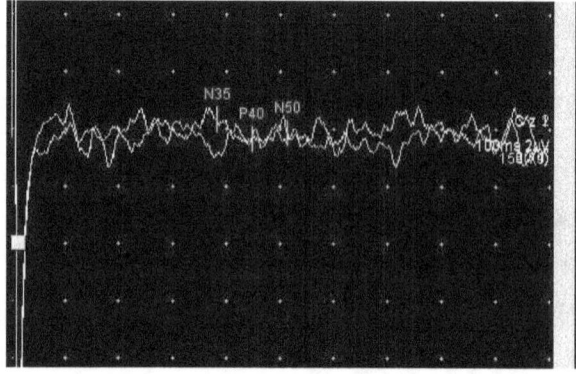

La utilidad clínica de los potenciales evocados somatosensoriales de nervio pudendo es:

- La disfunción eréctil de origen neurógeno.
- Incontinencia.
- Alteraciones sensitivas perineales.
- Esclerosis múltiple.

## 3.6.-POTENCIALES EVOCADOS SOMATO-SENSORIALES DE LARGA LATENCIA

Los potenciales evocados somatosensoriales de larga latencia son lo que aparecen tras un estímulos sensoriales después de los 50 milisegundos.

Los métodos para registrar estos potenciales son similares a los PES de corta latencia.

Las frecuencia de estimulación no debe ser mayor a 1-2 segundos porque se atenúa la respuesta.

El promedio se reduce a 100-200 respuestas.

El tiempo de análisis debe ser largo (100-500 mseg.)

Para el registro de los Potenciales Evocados Somatosensoriales de larga latencia seguimos los siguientes parámetros:

- Activo: C4' y C3'

- Referencia: Orejas (las localizaciones frontales son activas)

Los PESS de larga latencia son una serie de componentes negativos y positivos que siguen a los potenciales de latencia breve (más allá de los 50 milisegundos).

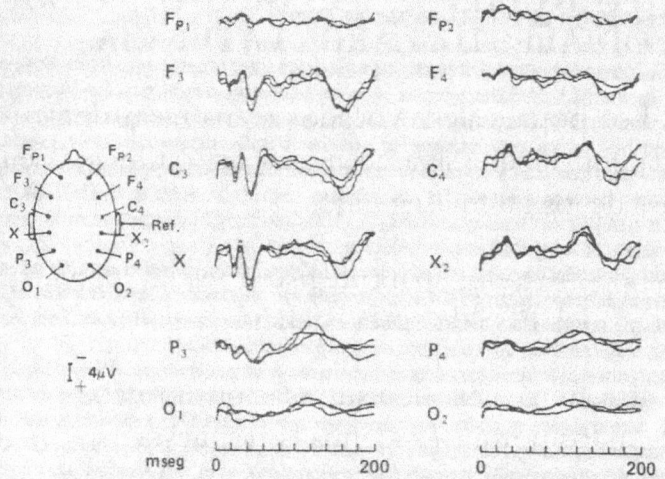

Fig. 6-4. Distribución de los PES de latencia prolongada consecutivos a la estimulación del nervio mediano derecho en registro en el cuero cabelludo con referencia oído derecho. En cada trazado están superpuestos tres registros. Los electrodos X del cuero cabelludo se hallan colocados sobre la corteza somatosensitiva. Los componentes precoces son más prominentes en los electrodos situados en la región del cuero cabelludo correspondiente a la corteza somestésica contralateral al lado de la estimulación. Los componentes más tardíos son más generalizados. (De Calmes y Cracco, 1971.).

Entre las características de los PESS de larga latencia tenemos las siguientes:

1) Presentan una importante variabilidad interindividual e intraindividual en personas sanas.

2) Son sensibles a cambios en el nivel de conciencia.

3) Tienen su origen en elementos de la corteza cerebral.

4) Pueden estar reducidos de amplitud en lesiones cerebrales focales destructivas y en enfermedades degenerativas del SNC.

5) Alteraciones inconstantes en pacientes epilépticos.

6) Pueden estar aumentados en pacientes con mioclonías.

La limitada aplicación clínica se debe a:

- Variabilidad interindividual e intraindividual en personal normales.

- Están sumamente afectados por el nivel de conciencia.

- Dificultad para definir la respuesta patológica.

## 3.7.- REFLEJOS DE LARGA LATENCIA

Los Reflejos de Larga Latencia (LLR) son respuestas involuntarias de los músculos que suceden a las respuestas de corta latencia y preceden a las respuestas voluntarias que aparecen tras la estimulación de un nervio.

### 3.7.1.-REFLEJOS MUSCULARES:

Se estimula el nervio mediano a nivel de la muñeca Con intensidad suficiente para el umbral motor. Se requiere la contracción voluntaria del oponente del pulgar contra el V dedo.

Se recoge la EMG en la eminencia tenar. Con unos filtros 1-3000 Hz y entre 200 y 400 promediaciones.

### 3.7.2.-REFLEJOS CUTÁNEOS

Se estimula el nervio radial superficial en muñeca con intensidad 3 veces el umbral sensitivo.

- Se obtienen las siguientes respuestas:

    1) Reflejo de Hoffmann (29 mseg) – es un reflejo de corta latencia.

    2) Reflejos de larga latencia:

    - LLR-I (40 mseg)

    - LLR-II (50 mseg)

    - LLR-III (75 mseg.)

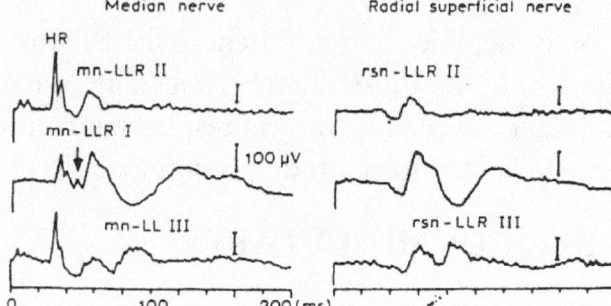

Fig. 1. Reflex pattern following stimulation of the median nerve or radial superficial nerve of 3 normal subjects. The HR and LLR II are discernible in the recordings of all subjects following median nerve stimulation. A small LLR I can be seen in the second, and an LLR III in the third trace. Following radial superficial nerve stimulation the HR is absent, but the LLR II is present. Occasionally there is a small LLR I or an LLR III. The inhibitory components are not seen in every subject, and have, therefore, not been evaluated in our studies.

## 3.8.- POTENCIALES EVOCADOS SOMATO-SENSORIALES ESPINALES

Son los PES originados en la cauda equina y en las vías aferentes de la médula espinal. Se registran con electrodos superficiales sobre la piel de la columna vertebral.

Son potenciales muy pequeños y su registro es complicado. Para obtener un registro óptimo utilizamos estos criterios:

- Barrido: 40 mseg.

- Frecuencia estimulación: 7-9 /segundo

- Promedio: 1000-4000 respuestas

- Filtros: 10Hz-3000Hz

La estimulación simultanea en ambos peroneos o tibiales aumenta la magnitud de la señal.

En pacientes con lesión completa de médula espinal se obtienen PES en regiones caudales similares a las personas sanas mientras que en regiones rostrales no se obtiene respuesta.

También se han utilizado en: alteraciones degenerativas de la médula espinal y malformaciones para localizar la lesión.

Se han visto alterados en pacientes diabéticos y en la esclerosis múltiple.

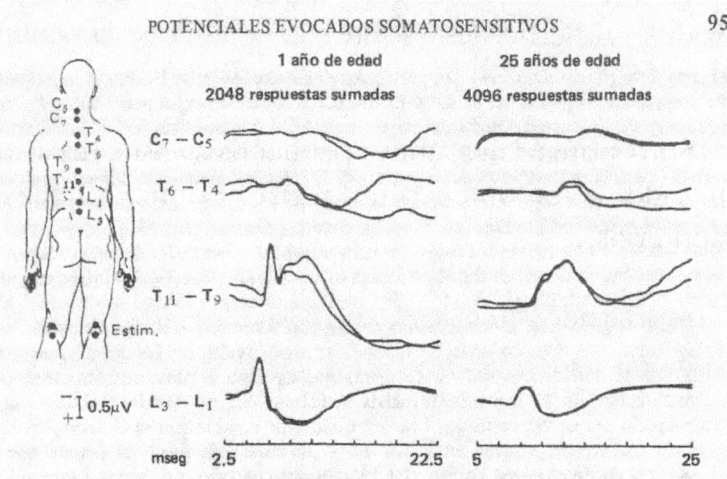

Fig. 6-8. Comparación de los registros bipolares de la respuesta espinal a la estimulación del nervio peroneo en un niño de 1 año de edad y en un adulto. La posición de los electrodos se refiere al nivel de la apófisis espinosa. Hay un retardo de 2,5 y 5,0 mseg entre los estímulos y los procesos de promediación en el niño y en el adulto, respectivamente. Sobre la cauda equina (apófisis espinosa L3) la respuesta, tanto en el niño como en el adulto, está constituida por potenciales trifásicos con fases positivas iniciales pobremente definidas. En el niño, la respuesta sobre la médula espinal caudal (apófisis espinosa D11) consiste en un potencial bifásico positivo-negativo, seguido por un potencial positivo ancho. En el adulto, está representada por un potencial negativo ancho con dos o tres inflexiones. La respuesta sobre la médula espinal rostral en el niño y en el adulto está constituida por potenciales trifásicos positivos, inicialmente positivos pequeños, y con fases positivas pobremente definidas. (Cracco y col., 1979.)

# 4.- FACTORES QUE INFLUYEN EN LOS POTENCIALES EVOCADOS SOMATO-SENSORIALES

## 4.1.-EDAD

Las latencias se afectan poco con la edad en los pacientes sanos (0.015 mseg/año) en mediano y (0.08 mseg/año) en tibial posterior.

La amplitud desciende a partir de los 30-45 años y mantiene el declive con la edad.

## 4.2.-SEXO

Algunos autores indican que las mujeres tienen tiempos de conducción central ligeramente más cortos que los hombres.

## 4.3.-ALTURA

A mayor altura la latencia puede ser mayor.

Es más evidente en los PESS de miembros inferiores.

La conducción a través de la médula se afecta menos.

## 4.4.-TEMPERATURA CORPORAL

La disminución de temperatura puede alargar las latencias

## 4.5.-FÁRMACOS

Escasa afectación de latencias y amplitudes.

Los gases anestésicos afectan a los componentes corticales

## 4.6.-NEUROPATÍAS PERIFÉRICAS

Afecta las latencias absolutas (mucho más en las desmielinizantes que en las axonales).

## 4.7.-RADIACIÓN

No se ha visto que afecte a los PESS.

# 5.- APLICACIONES CLÍNICAS

## 5.1.-SÍNDROMES MEDULARES

- Retraso de la N20 en compresiones medulares cervicales (cervicoatrosis).

- En traumatismos medulares se obtiene una respuesta normal por encima de la lesión y alterada por debajo. La presencia de PESS es un indicador de buen pronóstico.

- Los PESS se muestran alterados en las patologías que afectan al cordón posterior (tumores medulares, mielitis, siringomielia...)

## 5.2.-ENFERMEDADES DEGENERATIVAS

- Alzheimer: Escasa afectación.

- Charcot-Marie-Tooth: Caída de amplitudes y alargamiento de las latencias absolutas.

- Corea de Huntington: Caída de amplitudes y alargamiento de las latencias absolutas.

- ELA: No se afectan los PESS

- Parkinson: No se afectan los PESS

## 5.3.-OTRAS ENFERMEDADES

- SIDA: Se han encontrado algunas alteraciones.

- Diabetes: Alargamiento de las latencias absolutas pero conservan la conducción central.

- Creutzfeldt-Jakob: Sin alteración en PESS.

- Histeria: Los PESS no se pueden afectar voluntariamente.

- Demencia multiinfarto: alargamiento conducción central.

- Insuficiencia renal: Alargamiento de las latencias absolutas pero conservan la conducción central.

- Siringomielia: Afectación de PESS de mediano con conservación de los de tibial posterior.

- Enfermedad tiroidea: Aumento de las amplitudes en hipertiroidismo.

- Sindrome Tourette: Sin alteraciones en PESS

- Epilepsia mioclónica: Potenciales gigantes

## 5.4.-LESIONES INTRÍNSECAS DEL SNC

• Las aplicaciones clínicas de los PESS en pacientes con lesiones focales del tronco del encéfalo, talámicas o de hemisferios cerebrales son muy escasas.

• Los hallazgos son independientes de la lesión causante.

• Los PESS parecen tener un gran valor en el diagnostico del paciente afectado por una lesión isquémica cerebral mientras que es escaso en cuanto a la predicción de la recuperación funcional.

## 5.5.-ESCLEROSIS MÚLTIPLE

• Utilidad de los PESS:

• Demuestra funcionamiento anómalo del sistema neurosensorial cuando la historia es equivoca.

• Revela anomalías no sospechadas clínicamente.

• Contribuye a la localización anatómica.

• Monitoriza variaciones del paciente.

• Los PESS de mediano se alteran en el 58% de los pacientes con EM y en un 76% los de tibial posterior.

• En un 20% de los pacientes de localizan lesiones subclínicas.

## 5.6.-RADICULOPATÍAS

Ventajas:

- Estudio de la vía somatosensorial (son las que se lesionan más fácilmente por compresión).

- Aportan información adicional a la imagen.

- Confirman lesión si las otras pruebas son negativas.

- Test inocuo, no invasivo y bien tolerado que no requiere participación del paciente.

Inconveniente:

- La estimulación de un nervio mixto estimula simultáneamente varias raíces espinales.

## 6.-POTENCIALES EVOCADOS SOMATO-SENSORIALES Y MUERTE ENCEFÁLICA

Los PESS de mediano son de gran utilidad en los pacientes con sospecha de muerte encefálica puesto que exploran una gran porción del SNC.

Se recomienda una referencia extracefálica para excluir la actividad troncoencefálica e incluir Erb, cervical y scalp.

En la muerte cerebral se obtiene respuesta en punto de Erb (N9) y cervical (N13) y ausencia del resto.

La obtención de respuesta en punto de Erb (N9) y cervical (N13) y ausencia del resto confirma el diagnostico en un 96.9%.

La presencia de respuestas P14-N21 descarta la muerte cerebral.

Es una técnica útil a tener en cuenta.

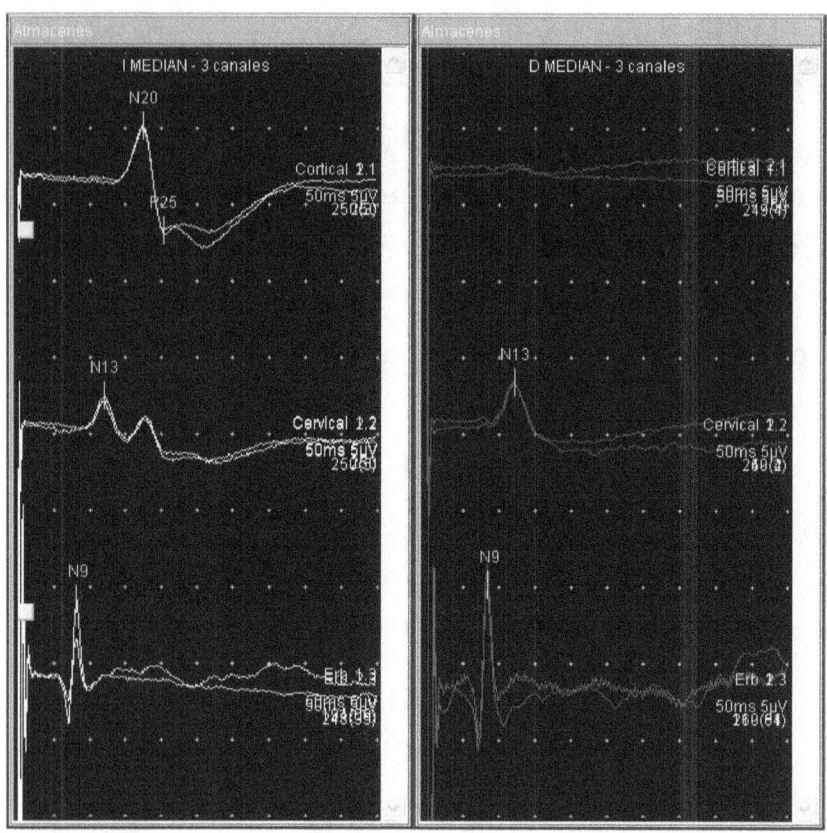

# 7.- POTENCIALES EVOCADOS SOMATO-SENSORIALES EN PEDIATRIA

Los PESS son generalmente bien tolerados por los niños. Se adquieren con menos artefactos porque suelen estar más relajados que los adultos.

Se recomienda electrodos de superficie y evitar utilizar colodión.

El montaje es igual al del adulto. En neonatos se recomienda registrar Erb a 1 cm de la axila.

Los valores de normalidad dependen del peso y la edad.

La sedación puede ser necesaria en menores de 3 años o con retraso psicomotor. Se utiliza Hidrato de Cloral a 50-75 mg/Kg.

Si los PESS estan alterados después de la sedación es necesario repetirlos sin ella.

El sueño espontáneo puede inducir cambios en los PESS

## 8.- POTENCIALES EVOCADOS SOMATO-SENSORIALES EN LA MONITORIZACIÓN INTRAQUIRÚRGICA

La utilización de PESS durante la cirugía de columna es una técnica pionera en lo que ha venido a llamarse "Neurofisiología intervencionista".

Las principales diferencias con los PESS que se realizan en laboratorio son:

- El paciente está anestesiado.

- Las lesiones del paciente pueden variar durante la intervención.

Se recomienda un montaje de las siguientes características. En miembros inferiores:

- ❖ Cz'-Fz

- ❖ Cv5-Rf

- ❖ HP-Rf

En miembros superiores:

- ❖ C3' (o C4') – Fz

- ❖ Cv7 – Rf

- ❖ Erb i - Erb c

- ❖ Codo

Ventajas de la utilización de PESS en la monitorización intraquirúrgica:

- Técnica muy conocida y extendida.

- Sencillez

- No se afecta con anestésicos relajantes musculares.

- Permite control con estudios previos en laboratorio.

Los inconvenientes son:

- Se alteran con los gases anestésicos.

- Solamente dan información de la vía somatosensorial.

Durante la intervención se valora la amplitud y las latencias del complejo P40-N50 según los siguientes criterios:

- Reducción de la amplitud de un igual o mayor del 50% y/o

- Incremento de la latencia de un 10% respecto a los valores basales

# BIBLIOGRAFIA

GINER BAYARRI, Pau et al. Recomendaciones para la realización de potenciales evocados. Sociedad Española de Neurofisiología Clínica. Madrid. 2013.

GINER BAYARRI, Pau. Potenciales Evocados Somatosensoriales. Curso Nacional de Potenciales Evocados. Valencia. 2012.

PETERS J. et al. Los potenciales evocados en el hombre. El Ateneo. Buenos Aires, 1985.

IRIARTE, Jorge et al. Manuel de Neurofisiología Clínica. Panamericana. Madrid 2013

COLON, E. et al. Evoked Potential Manual: A Practical Guide to Clinical Applications. Springer. New York. 2012

CHIAPPA, K. Evoked Potentials in Clinical Medicine. Lippincott Williams & Wilkins. New York. 1997

www.ingramcontent.com/pod-product-compliance
Lightning Source LLC
Chambersburg PA
CBHW070431180526
45158CB00017B/973